ulmer

Gerhard Schuster | Christine Schneider

# 10 PILZE

## Die sichersten Arten finden und bestimmen

Das Objekt der Begierde – ein Pilz. Genau genommen ist das aber mitnichten das gesamte Lebewesen Pilz, sondern nur ein kleiner Teil davon, nämlich der Fruchtkörper. Der weit größere Part, das riesige Pilzgeflecht, wächst unterirdisch. Wenn die Bedingungen passen, bilden sich Fruchtkörper und schießen aus dem Boden. An den begehrten Schirmchen entwickeln sich dann winzige Sporen, die vom Wind verbreitet werden und zu neuen Pilzgeflechten heranwachsen können.

## Ein Buch als Pilzkurs?

Sage und schreibe 6120 Pilzarten, die man mit bloßem Auge gut erkennen kann, sind derzeit allein in Deutschland bekannt. Niemand erkennt sie alle, nicht einmal annähernd. Viele von ihnen haben brisante Verwechslungsarten, die von grauenhafter Übelkeit bis zu schweren Organschäden, ja sogar bis zum Tod führen können.

Und da gibt es Menschen, die keinen blassen Schimmer von Pilzen haben, aber so gerne einmal ein eigenes Fundstück verspeisen wollen? Verständlich, denn durch die Wälder zu streifen und Essbares mit nach Hause zu bringen macht nicht nur Spaß. Es verschafft uns kostenlosen Ausgleich zum Alltag, sorgt für Bewegung an der frischen Luft und bringt Mensch und Natur wieder näher zusammen – eine Wohltat für alle Beteiligten.

Pilzmahlzeiten sind zudem „bio“, echtes Slow Food, regional, saisonal und können eine Mahlzeit aus industrieller Erzeugung gut ersetzen. Aber – ohne jegliche Vorkenntnisse? Ja, das geht sehr wohl!

Schließlich sind Generationen von Pilzsammlern auch keine studierten Mykologen. Vielmehr sammeln zahlreiche Otto-Normal-Pilzfreunde nur wenige Arten oder sogar nur eine, und zwar weil sie nur diese sicher erkennen.

Genau diese altbewährte Praxis greifen wir in unserem Hosentaschen-Pilzführer auf. Zehn Speisepilzarten haben wir ausgewählt, die besonders sicher zu erkennen sind, zudem häufig wachsen und außerdem noch lecker schmecken. Sie werden hier ganz genau vorgestellt: Wo und wann ist der Pilz überhaupt zu finden? Wie muss er aussehen – und wie darf er keinesfalls aussehen? Welche gefährlichen Doppelgänger gibt es? Und was muss ich beim Sammeln und Zubereiten beachten?

Wer alle Hinweise und Infos aus den Pilzporträts beherzigt und die Überlebensregeln → Seite 6 im Hinterkopf hat, kann angstfrei losziehen – Korb, Messer und Buch nicht vergessen – und mit dem nötigen Respekt und ein bisschen Glück schon nach der ersten Pilzwanderung die ersten selbst gesammelten Pilze gefahrlos genießen.

Wir wünschen viel Spaß beim Lesen, Lernen, Suchen, Finden und Genießen und freuen uns an jedem Menschen, der neu für das Pilzsammeln begeistert werden kann. Denn er entwickelt ein Bewusstsein für den Wald und die Natur, wird sie ganz automatisch schützen und bewahren wollen und dafür sorgen, dass unsere Kinder und Kindeskinder auch noch das Rundum-Wohlfühl-Und-Sinnvoll-Hobby des Pilzsammelns ausüben können.

*Christine & Gerd*

# ÜBERLEBENSREGELN

## Nachhaltigkeit

Damit

1. der Pilzsammler den Förster überlebt, und
2. unser Wald überlebt, sodass
3. auch noch unsere Nachfahren erfolgreiche Pilzsammler werden können und
4. das Pilzsammeln oder Waldbetreten nicht irgendwann ganz verboten wird,

sollten wir achtsam mit dem Wald und seinen Bewohnern umgehen. Das heißt:

- Nur essbare Pilze im richtigen Alter mitnehmen, die anderen stehen lassen, damit sich der Pilz vermehren kann.
- Nicht in Naturschutzgebieten sammeln!
- Alles, was nicht auf den Teller gehört, ist besser an Ort und Stelle aufgehoben. Die Pilze daher besser sofort nach dem Abschneiden oder Herausdrehen putzen.
- Auf alle Lebewesen des Ökosystems (Blütenpflanzen, Moose, Flechten, Tiere) achtgeben und den Waldboden schonen. Im dichten Unterholz besteht zum Beispiel die Gefahr, die Fluchtdistanz von Wildtieren zu unterschreiten. Bei Wildschweinen kann das gefährlich werden. Ein kleines, helles Glöckchen an der Kleidung kündigt den Pilzsammler zuverlässig an.
- Nicht mit dem Auto in den Wald fahren, auch wenn es erlaubt sein sollte. Wird der Pilzkorb zu schwer, hat man eh zu viel gesammelt. Wer soll das alles putzen und essen?
- Maßvoll sammeln und unbedingt den Fehler vermeiden, Pilze auf immer die gleiche Weise und in viel zu großen Mengen zuzubereiten. So verlieren viele Anfänger schnell die Lust auf mehr. Abgesehen davon gibt es regional unterschiedliche Sammelbeschränkungen, über die das jeweilige Forstamt informiert.

## Nur sicher ist sicher

Wer alle Merkmale (im Pilzporträt auf der Doppelseite mit den Überschriften „So muss er aussehen“ und „So nicht!“) akribisch mit seinem Fundstück verglichen hat und auch nur an einer einzigen Stelle unsicher ist, lässt den Pilz besser stehen. Es gibt keinen Grund, ein Risiko einzugehen.

## Giftpilz oder Speisepilz?

Giftpilze müssen immer ausgeschlossen werden, bevor ein Fundstück mit nach Hause darf. Deshalb werden nach jeder Doppelseite mit den Merkmalen die möglichen Verwechslungskandidaten vorgestellt. – Darunter finden sich auch ungenießbare Doppelgänger, die also schlicht nicht schmecken, unsere Gesundheit aber nicht gefährden würden. – Wichtiges Grundwissen zu Giftpilzen und Pilzvergiftungen steht auf den → Seiten 10–13.

Idealerweise zeigt man seine Funde dann noch einem Pilzsachverständigen → Seite 94. Dazu bitte den kompletten Pilz mit Fuß ernten. Grundsätzlich ist es nie verkehrt, sich eine zweite Meinung einzuholen. Vielleicht finden sich im Wald bereits Sammlerkollegen. Beim geringsten Zweifel: weg damit!

## Im passenden Alter

Zu junge Pilze sind oft noch nicht eindeutig zu bestimmen, zu alte schmecken nicht mehr oder sind sogar giftig. Solche Pilze nützen dem Menschen nicht, wohl aber dem Ökosystem. Daher bitte stehen lassen!

Ob ein Pilz schon zu alt ist, zeigt der Eindrücktest: Lässt sich der Hut mit der Fingerkuppe gar nicht eindrücken, ist das Fleisch schön fest, also jung genug und meistens noch nicht von Maden befallen. Gibt der Hut hingegen nach, weil das Fleisch darunter weich ist, lässt man den Pilz besser gleich stehen.

## Verdorben ist giftig

Die meisten Pilzvergiftungen entstehen, weil die Pilze verdorben sind. Deshalb steht in den Pilzporträts unter „So muss er aussehen“ der Abschnitt „So ist er unverdorben“ mit den Merkmalen für einen einwandfreien Pilz. Sind die Pilze noch frisch, müssen sie luftig in einem flachen Korb oder einem kleinen Leinenbeutel transportiert, zu Hause gekühlt und meistens innerhalb von 1–2 Tagen verwendet werden.

## Garen ist wichtig

Bis auf wenige Ausnahmen müssen Wildpilze gut durchgegart werden. In kleine Stücke geschnitten rechnet man mit mindestens 10 Minuten Garzeit.

## Verschmutzung und Radioaktivität

Die Belastung mit radioaktiven Stoffen wird den Pilzliebhaber nach dem Super-Gau des Kernkraftwerks Tschernobyl noch eine sehr lange Zeit verfolgen. Zum Glück waren weite Gebiete bei uns weniger stark von dem radioaktiven Niederschlag betroffen. Generell kann man sich aber diese Faustregel merken: Erwachsene, die nicht mehr als 500 g Wildpilze pro Woche genießen, setzen sich keiner Gefahr aus.
Das Gleiche gilt für die Belastung mit giftigen Schwermetallen wie Cadmium. Einige Pilzarten reichern diese stark an.
Folgende Orte eignen sich grundsätzlich nicht für die Pilzsuche: neben Autobahnen, in der Nähe von Kraftwerken oder Industriegebieten und in Innenstädten.

## Das kleine Pilzsucher-Latinum

Wer Merkmale verifizieren möchte, muss ein paar Begrifflichkeiten aus dem Reich der Pilze kennen. Alles Wichtige findet sich griffbereit auf den Umschlaginnenseiten.

**Das mit dem Fuchsbandwurm …**

… ist eine Mär. Ja, es gibt ihn, und ja, er kann gefährlich werden. Aber Wildpilzkonsum steigert nicht das Risiko zu erkranken. Das ist mehrfach bewiesen. Wenn sich der Pilzsammler vor ihm besonders fürchten müsste, dann auch der, der seinen Salat aus dem Garten oder vom Feld holt und nicht gart.

## Wetterkapriolen

Bei Sturm- und Gewitterwarnung sind andere Hobbys vorzuziehen. Dann wird es im Wald zu gefährlich.

## Jäger und Holzfäller

In Jagdrevieren sollte man besonders in der Morgen- oder Abenddämmerung auf den Waldwegen bleiben, damit man nicht verwechselt wird. Finden Drückjagden oder Holzeinschläge in der Nähe statt, ist es am besten, das Waldgebiet weiträumig zu meiden.

## Zecken

Zeckenbisse jucken ekelhaft, und es können noch ekelhaftere Krankheiten dabei übertragen werden. Deshalb im Wald am besten immer lange Hosen tragen und nach der Pilzwanderung den gesamten Körper nach Zecken absuchen.

## Stolperfallen

Für Spannung und körperliche Ertüchtigung sorgen beim Querfeldeingehen Mulden unter dem Laub und stacheliges Brombeergebüsch. Gutes Schuhwerk, robuste Kleidung, eine sportliche Einstellung, aber auch eine genaue Kenntnis seiner eigenen Grenzen garantieren das Wohlbefinden während und nach der Pilztour.

# GIFTPILZE, PILZGIFTE

## Ammenmärchen und Irreführendes

Es gibt ja viele Ammenmärchen. Wenn es um Pilze geht, sind sie aber nicht nur besonders kreativ, sondern auch besonders gefährlich. Wenn jemand etwa den „guten" Geruch oder die „giftige" Farbe eines Pilzes als grundlegendes Kriterium für die Einteilung in Speise- und Giftpilz nimmt, ist das schlichtweg falsch, um nicht zu sagen Wahnsinn. Auch ein schmucker Name oder Fraßstellen von anderen Lebewesen sagen rein gar nichts über die Verträglichkeit aus.

## Vergiftung ohne Giftpilz

Die meisten Pilzvergiftungsfälle sind sogenannte unechte Pilzvergiftungen. Diese gehen auf verdorbene Pilze und nicht auf Giftpilze zurück.
Es gilt bei ausnahmslos allen Pilzen, dass nur frische Exemplare in der Küche verwendet werden dürfen. Die Größe ist dabei kein Anzeichen für einen frischen Zustand. Selbst kleinste Pilze können bereits verdorben sein und der Gesundheit schaden.

## Die wichtigsten Giftpilze

Wer damit anfangen möchte, selbst Speisepilze zu sammeln, sollte einige Giftpilze kennen. Die gefährlichsten Giftpilze sind die, die einerseits ein sehr starkes Gift enthalten und andererseits eine große Ähnlichkeit mit Speisepilzen haben. So viele Giftpilze gibt es in Mitteleuropa gar nicht, aber eine Pilzvergiftung kann schlimme, sogar tödliche Folgen haben.
Auch die Giftpilze sollte man, um sie wirklich zu kennen, mal in der Hand gehabt, sie befühlt und an ihnen gerochen haben. Keine Angst, kein bekanntes Pilzgift kann über die Haut in unseren Körper eindringen.

Der Grüne Knollenblätterpilz ist weiß bis grünlich, hat Lamellen und eine Knolle, die aussieht wie ein aufgeplatztes Ei und manchmal im Waldboden verborgen ist.

Der Fliegenpilz fällt durch seine Schönheit auf: ein roter Hut mit weißen Flecken.

Der Fuß des Pantherpilzes steckt in seiner Knolle wie in einem Bergsteigersöckchen.

## GRÜNER KNOLLENBLÄTTERPILZ

Er ist der gefährlichste Giftpilz, da er ein tödliches Gift in hoher Konzentration enthält. Zudem kommt er relativ häufig vor und soll sogar gut schmecken, wie einige bedauernswerte Opfer noch vor ihrem Tod berichten konnten. Er ist der Grund, warum wir in diesem Buch auf die Vorstellung guter Speisepilze verzichten, die ihm auch nur entfernt ähnlich sehen.

## FLIEGENPILZ

Ein Verwandter des Grünen Knollenblätterpilzes, den ja viele kennen. Er gilt als der Inbegriff des Giftpilzes und verursacht Rauschzustände, Erbrechen und Durchfall.

## PANTHERPILZ

Auch er ist nah verwandt mit dem Grünen Knollenblätterpilz und ähnlich giftig. Er hat einen bräunlichen Hut mit weißen Punkten und neben einem glatten Ring (Kragen um den Stiel) ein sogenanntes Bergsteigersöckchen.

## SATANSPILZ

Am Beispiel des Satanspilzes sieht man, dass es durchaus auch giftige Röhrenpilze gibt. Der kleine Teufel kann Irritationen des Verdauungstrakts hervorrufen. Allerdings ist die Gefahr, sich mit ihm zu vergiften, gering, da er nicht häufig ist und unangenehm nach verdorbenem Fleisch riecht.

Der Satanspilz sieht mit seinem roten Stiel und den roten Röhren schon irgendwie gefährlich aus.

Zudem sieht er mit der roten Farbe an Stiel und Schwamm tatsächlich abschreckend aus. Es gibt allerdings unter den Hexenröhrlingen ausnehmend gute Speisepilze, die dieses eher „giftige" Aussehen mit dem Satanspilz teilen. Sie lassen wir in diesem Buch zur Sicherheit weg.

## SPITZGEBUCKELTER RAUKOPF

Der Spitzgebuckelte Raukopf hat zarte Lamellen. Mit dem Pfifferling verwechseln ihn nur Schludrige.

Sein Gift kann zu tödlichem Nierenversagen führen. Es ist zwar schwer nachvollziehbar, aber tatsächlich verwechseln immer wieder Pilzsammler junge Pfifferlinge mit diesem oder dem nahe verwandten Löwengelben Raukopf.

Pfifferlinge werden in diesem Buch trotzdem vorgestellt, allerdings mit dem Hinweis, genau hinzusehen, um die Rauköpfe auszuschließen: Rauköpfe haben Lamellen, die sich leicht ablösen lassen, statt der fest mit dem Fleisch verwachsenen Leisten der Pfifferlinge. Man sollte sich aber des höheren Restrisikos bewusst sein und im Zweifel auf selbst gesammelte Pfifferlinge verzichten.

## KARBOLCHAMPIGNON

Sterben wird man an ihm nicht, aber man verdirbt sich so heftig den Magen, dass viele nach dieser Erfahrung für den Rest ihres Lebens überhaupt keine Pilze mehr essen wollen. Da er sich nur in wenigen, manchmal auch nur schwach ausgeprägten Details von den Speisechampignons unterscheidet, haben wir in diesem Buch auf die Vorstellung der Champignons verzichtet.

Karbolchampignons, auch Karbolegerlinge genannt, sehen fast wie Zuchtchampignons aus.

**Sicher einkaufen**

Zum Glück gibt es viele Speisepilze in guter Qualität und ohne giftige Doppelgänger vielerorts als Zuchtpilze zu kaufen. Was bleibt, ist die Gefahr, an verdorbene Ware zu geraten. Ein kritischer Blick und ein vorsichtiger Druck vermeiden Magengrummen und Schlimmeres.

Gifthäublinge erkennt man an den silbrigen Fasern am Stiel.

## GIFTHÄUBLING

So klein er ist, er hat es in sich: Er ist nämlich tödlich giftig. Leider kommt es durch Gifthäublinge leicht zu Pilzvergiftungen, da sie den essbaren Stockschwämmchen extrem ähnlich sehen und noch dazu nicht selten in ihrer direkten Nachbarschaft wachsen. Die leckeren Stockschwämmchen haben daher in diesem Buch keine Aufnahme gefunden.

**IM FALLE EINES FALLES: GIFTNOTRUF 19240**

# MARONE



## *Der perfekte Einstiegspilz*

Wer genau hinsieht, für den ist sie unverwechselbar, sie ist häufig zu finden und noch dazu sehr lecker – ein wunderbarer Pilz für den Einstieg als Pilzsammler.

## Wann suchen?

Typisch Herbstpilz: Wenn im Oktober oder November das gemütliche Schmuddelwetter beginnt, wächst die Aussicht auf ein wärmendes Pilzgericht mit Maronenröhrlingen, auch Braunkappen oder kurz Maronen genannt.
Es könnte sogar sein, dass die Körbe vor lauter Sammlerglück kaum zu schleppen sind. Einige Jahre nach einer Durchforstung eines Fichtenwaldes ist so ein Massenauftreten wahrscheinlich, danach tauchen sie wieder für einige Jahre eher vereinzelt auf. Selbst wenn schon die ersten Schneeflocken gefallen sind, kann man Maronen noch finden. Frostige Temperaturen machen ihnen aber dann schnell ein Ende – rien ne va plus.

Typisch Maronen: Im Moos ...

... einer herbstlichen Fichten-Monokultur.

**Fichten ...**
... sind immergrüne Nadelbäume mit rotbraunen Stämmen und hängenden Zapfen. „Fichte sticht, Tanne nicht“ beschreibt den deutlichsten Unterschied zwischen den beiden Baumarten. Wer einmal über die Nadeln am Zweig streicht, spürt es deutlich. Die Nadeln stehen rings um den Zweig.

1

## Wo finden?

Ab in den Wald! Denn Maronen sind praktisch nie in Gärten oder Parks zu finden. Sie kommen vorwiegend bei Fichten und Kiefern vor. Da sie abgestorbenes Holz – hauptsächlich das der Fichte – zersetzen, stehen sie logischerweise oft an stark vermoderten Fichtenstümpfen. Doch wo findet man viele solche Stubben? In Fichtenschonungen, die sind der sicherste Ort für eine erfolgreiche Suche nach Maronen. Und solche Baum-„Plantagen“ gibt es praktisch überall, da die Fichte in der Holzwirtschaft lange als sehr ertragreich galt. (Langsam sickert aber durch, dass sie im Flachland fehl am Platz ist und den Klimawandel gar nicht gut verträgt.)
Das alles klingt interessant, ist aber eine nutzlose Information für den Pilzsucher, der die Fichte nicht sicher erkennt. In der Hintergrund-Info oben stehen ihre wichtigsten Kennzeichen.

## So muss sie aussehen

**VON WEITEM**

- gut getarnter, rundlicher und einheitlich kastanienbrauner Hut von maximal 12 cm Durchmesser
- nass schleimig glänzend, trocken samtig matt

Trocken ist die Huthaut matt.

Braune Huthaut, die nass schleimig wird.

**VON NAHEM**

- dunkles, warmes, sehr spezielles Maronenbraun des Huts
- meist deutlich hellerer, aber ebenfalls braun gefärbter Stiel
- feinporige, helle Röhren unter der Kappe

**Hut:**

- Oberseite auffallend schön und satt kastanienbraun
- trocken fein filzig und matt, bei Regen schmierig und leicht klebrig
- nie wirklich kreisrund
- gewölbt, bei jungen Exemplaren fast halbkugelig
- oft hubbelige, braune Stellen, da ältere Knabberstellen durch Schnecken von der Huthaut wieder überwachsen werden
- Röhren unter dem Hut gelblich bis ganz schwach olivgrün

Die Röhren sind gelblich und laufen bei Druck blau an.

- Drückt oder schneidet man die Röhren leicht an, laufen sie blau an (allerdings nicht unbedingt bei jüngeren Exemplaren).



- Die Röhrenschicht lässt sich relativ leicht ablösen, darunter ist der Hut gelb.

**Stiel:**

- ebenfalls kastanienbraune Farben, meistens aber deutlich heller als der Hut
- wirkt gelblich marmoriert durch feine, blassgelbe Fasern, die längs des Stiels verlaufen
- deutlich schlanker als der von Steinpilzen
- auch mal s-förmig geschwungen

**Fleisch:**

- hell, weiß
- Der Anschnitt verfärbt sich zu den Rändern hin leicht blau (läuft aber nie, wie bei den Hexenröhrlingen, richtig blau an).
- riecht schwach säuerlich, aber angenehm

**SO IST SIE UNVERDORBEN**

- Sie hat festes, helles Fleisch, das man nicht eindrücken kann.
- Die Röhren dürfen maximal gelb verfärbt sein.
- Und natürlich sollen die Pilze madenfrei sein.

**So nicht!**

- Röhren rot bis blassrosa oder mit deutlichem Grünton
- madig oder verdorben
- leicht einzudrückendes Fleisch
- Stiel hell

**GIFTIG**

Maronen sind kaum mit Giftpilzen zu verwechseln. Erstaunlicherweise passiert es aber dennoch immer wieder. Wer aber alle beschriebenen Merkmale und sein Fundstück sorgsam vergleicht, kann keinen Fehler machen. Wichtig ist: Bei Ungewissheit und kleinstem Zweifel: weg damit!

Besonders ist zu beachten, dass Maronen roh giftig sind – wie die allermeisten Pilze – und dass sie giftiges Cäsium enthalten können → Kasten Seite 8.

Wenn die Röhren bereits einen deutlichen Grünton zeigen, ist die Marone schon am Verderben und sollte nicht gesammelt werden. Man denke an die unechten Pilzvergiftungen → Seite 10!

Ältere Maronen sind an den dunkleren, leicht grünlichen Röhren zu erkennen.

**UNGENIESSBAR**

Verwechslungen mit dem ungenießbaren **Gallenröhrling** → Seite 28 sind denkbar, bei genauerem Hinsehen aber nicht nachvollziehbar.

## *So sammeln*

Maronen werden direkt über dem Waldboden abgeschnitten. Das schadet dem Pilzgeflecht im Boden nicht. Löcher inmitten der Schnittstelle verraten dann auch sofort: Achtung Madenbefall! Sind die Pilze einwandfrei, dürfen sie sauber mit.

Am besten, man lässt immer alles, was zum Wald gehört (Nadelstreu, Moos und so weiter), gleich dort. Das erspart Putzarbeit zu Hause und lässt die maximale Biomasse dem Ökosystem. Gewaschen werden Pilze in der Regel sowieso nicht.

**Achtung!**
Maronen sind roh sehr giftig und dürfen wie die allermeisten Speisepilze nur gut durchgegart gegessen werden. Seit Tschernobyl sind sie zudem durch ihre Eigenschaft, Cäsium 137 anzureichern, in Verruf geraten. Ein Abziehen der Huthaut reduziert zumindest die radioaktive Belastung, da sich die radioaktiven Isotope dort an den Farbstoffen konzentrieren.
Alles aber halb so wild: Wer als Erwachsener nicht mehr als 500 g Wildpilze pro Woche genießt, bringt sich nicht in Gefahr.



In einen flachen Korb oder einen kleinen Stoffbeutel gelegt, haben es die sensiblen Waldschätze luftig und werden nicht gequetscht. So halten Pilze länger frisch.

## Wie zubereiten

Wie fast alle Wildpilze müssen Maronen grundsätzlich gut durchgegart werden, also bitte Maronenstücke mindestens 10 Minuten kochen.
Von vielen Pilzliebhabern werden Maronen allerdings verschmäht, weil sie beim Garen schleimig und glibberig werden können. Dabei sind sie ausgezeichnete Speisepilze – wenn man sie richtig verwendet. Gewusst wie:
- Die Röhren entfernen, was auch recht leicht geht.
- Die Pilze mindestens einen Tag offen im Kühlschrank lagern, damit sie etwas antrocknen. Länger als 2 Tage halten sie sich aber auch im Kühlschrank nicht.
- Beim Garen dürfen niemals so viele Pilze gleichzeitig erhitzt werden, dass sich austretende Feuchtigkeit sammeln kann.

Diese Zubereitungsregeln gelten im Übrigen für die meisten Röhrlinge. Wer sie frisch als zu glibberig empfindet, sollte das unbedingt mal ausprobieren.
Zur Konservierung durch Trocknen eignen sie sich sehr gut, da getrocknete Maronen nach dem Einweichen eine sehr angenehme Konsistenz zurückbekommen.

# FICHTEN-STEINPILZ



## *Der König der Speisepilze*

Steinpilz – der Inbegriff des wilden Speisepilzes. Der Fichtensteinpilz oder Herrenpilz ist nur eine der vier heimischen Steinpilzarten, doch auf ihn trifft man am allerhäufigsten.

## Wann suchen?

Etwa 2 Wochen nach den ersten ergiebigen Regenfällen im Spätsommer oder Herbst ist die beste Zeit, die Suche nach dem Fichtensteinpilz zu starten. Hin und wieder kann man schon im Sommer in den Genuss kommen: Wenn alle über einen ach so verregneten Sommer klagen, stehen die Chancen gut, ihn schon im Juni oder Juli anzutreffen. In manchen Jahren erscheint er im September massenhaft, zur Freude der Pilzsammler.
Wesentlich früher, bereits ab Ende Mai, ist der etwas seltenere Sommer- oder Eichensteinpilz → Seite 30 zu finden.

## Wo finden?

Meistens stehen die gelegentlich recht imposanten Fichtensteinpilze in der dichten Nadelstreu junger Fichten. Besonders

Typisch: In der Nähe von Fichten ...

Schonungen mit einer Mischung aus älteren und jüngeren Fichten lassen auf Finderglück hoffen. Wie man Fichten erkennt, steht auf → Seite 17.

Fichtensteinpilze leben mit ihrer Fichte (denn viele Pilze und Bäume leben in Symbiose, das heißt in einer harmonievollen Beziehung, aus der jeder einen Vorteil zieht: Der Pilz liefert Wasser, Mineralstoffe und Spurenelemente und bekommt vom Baum dafür Kohlenhydrate) oder sogar mehreren Fichten lebenslang zusammen. Klingt romantisch, bedeutet für den Pilzsammler aber schlicht Effizienz: Nach Fichten Ausschau zu halten und alte Fundstellen wieder aufzusuchen zahlt sich aus.

Fliegenpilz in Sicht? Schön! Natürlich ist der hübsche Fliegenpilz nichts für den Pilzkorb, er ist ja giftig. Doch oft wachsen Fichtensteinpilze in seiner unmittelbaren Nähe. Hat man den auffällig rot und weiß leuchtenden Giftpilz von Weitem entdeckt, lohnt es sich, dort nach den wesentlich besser getarnten Fichtensteinpilzen mit ihren braunen Hüten zu suchen.

... und unweit von Fliegenpilzen.

**Single-Dasein?**
Fichtensteinpilze wachsen manchmal scheinbar ganz ohne Baumpartner. Wer sich aber genau umsieht, entdeckt doch noch ihren Lieblingsbaum Fichte oder auch mal eine Buche oder Birke in der Umgebung.

## So muss er aussehen

**VON WEITEM**

- kann sehr groß und schwer werden (siehe Lokalzeitungsfotos im Herbst oder Foto → Seite 29
- brauner Hut, heller Stiel

**VON NAHEM**

- gedrungen, dick, brauner Hut, also wie ein Bilderbuch-Waldpilz
- Junge Exemplare sind überraschend schwer.

**Hut:**

- sehr variable Hutgröße bis über 30 cm
- sehr variable Huthautfarbe von fast Weiß über Hellbeige bis Dunkelrotbraun, oft mit hellem Rand
- glatte Oberfläche, bei Feuchtigkeit leicht schmierig
- dickfleischig
- Die Röhrenschicht an der Hutunterseite ist leicht ablösbar, weiß bis cremeweiß und mit zunehmendem Alter gelblich bis grüngelb.

Optimale Farbe der Röhren: cremeweiß.

**Stiel:**

- meist dick und bauchig
- mit bräunlich faseriger Oberfläche
- zur Stielspitze hin mit mehr oder weniger deutlichem, hellem Stielnetz

- in der Regel heller als der Hut, kann fast weiß sein

**Fleisch:**

- hell, weiß
- Anschnitt verfärbt sich nicht

**SO IST ER UNVERDORBEN**

- Er hat festes, helles Fleisch, das man nicht eindrücken kann.
- Die Röhren dürfen maximal hellgelb verfärbt sein.
- Und natürlich sollen die Pilze madenfrei sein.

Zu grüne oder dunkle Röhren – zu alter Steinpilz.

## So nicht!

- gelber Stiel
- roter Stiel
- blau anlaufendes Fleisch (einschneiden!)
- Röhren rot bis blassrosa
- Röhren dunkler als hellgelb
- madig oder verdorben
- leicht einzudrückendes Fleisch
- recht deutliches, grobes Stielnetz

GIFTIG

**Schönfußröhrling** → Foto Seite 36 und **Satanspilz** → Foto Seite 12 sind ähnliche Verwandte, die giftig sind. Beide sind zum Glück nicht sonderlich häufig und fallen mit ihren roten Stielen auf. Beim Satanspilz kommen noch rote Röhren hinzu.
Wie immer können verdorbene oder von Maden befallene Speisepilze giftig sein.

UNGENIESSBAR

Gallenröhrling: Grobes Stielnetz, leicht rosafarbene Röhren.

Steinpilze werden oft mit den häufigen aber ungiftigen **Gallenröhrlingen** verwechselt. Einige Menschen haben kein Geschmacksempfinden für bitter, für die allermeisten bedeutet ein versehentlich mitgesammelter Gallenröhrling allerdings das unweigerliche Ende des Pilzgerichts auf dem Kompost. Gallebitter ...!
Gallenröhrlinge bevorzugen ebenfalls Nadelwald und wachsen nicht selten direkt aus morschen Fichtenstubben heraus. Sie haben meist ein recht deutliches, grobes Stielnetz. Ihre Röhren sind anfangs weiß, bekommen aber später einen Rosaton. Wenn man unsicher ist, genügt eine vorsichtige Berührung mit der Zunge.
Der **Netzstielige Hexenröhrling** → Seite 36 ist ebenfalls ein Verwechslungskandidat. Er stand lange Zeit im Verdacht, Unverträglichkeitsreaktionen auszulösen, vor allem in Verbindung mit Alkohol. Jedenfalls gilt er nicht als guter Speisepilz. Da er üblicherweise früher im Jahr wächst als der Fichtensteinpilz, wird er eher für einen Sommersteinpilz gehalten → Seite 30.

## So sammeln

Abschneiden oder herausdrehen? Eine nahezu philosophische Frage unter Pilzsammlern. Im Falle der Steinpilze ist die Antwort aber eindeutig: Da der bauchige Teil des Stiels weit

Manchmal sind selbst solche Riesen noch knackig frisch.



unten sitzt, verschenkt der Schneide-Sammlertyp einen wesentlichen Teil des Pilzes. Wer sein Fundstück herausdreht – was dem Pilz nachweislich nicht schadet –, trägt die fettere Beute heim. (Andere Pilzarten mit weniger ergiebigen Füßen schneiden die meisten Pilzfreunde ein Stück über dem Boden ab, das spart Putzarbeit.) Zum Transport eignet sich alles, was genug frische Luft an die Pilze lässt, etwa ein Korb oder ein Leinenbeutel.

**Achtung!**
Fichtensteinpilze dürfen laut Bundesartenschutzverordnung nur für den Eigenbedarf gesammelt werden. In den meisten Regionen Deutschlands gelten 2–2,5 kg pro Tag und Sammler als erlaubte Menge. Auskunft darüber, was in einem konkreten Sammelgebiet als Höchstmenge für den Eigenbedarf festgelegt ist, erteilt das zuständige Forstamt.

## Wie zubereiten?

Die aromatischen Steinpilze gehören zu den ganz wenigen Speisepilzarten, die man roh essen darf. Sie passen gut zu Fleisch und Pasta, eignen sich auch als Pizzabelag und für alle typischen Waldpilzgerichte.
2–3 Tage sind die Pilze im Kühlschrank offen lagerfähig. Fichtensteinpilze lassen sich aber auch hervorragend durch Trocknen für längere Zeit konservieren. Man schneidet sie dazu in dünne Scheiben und legt sie bei 50 °C und leicht geöffneter Tür in den Backofen.
Vor dem Einfrieren sollte man sie besser schon stückeln und andünsten, so behalten sie besser ihre Konsistenz.

# SOMMER-STEINPILZ



## *Der frühe Waldpilz*

Sommer, Sonne, Steinpilz. Für einen Pilz recht früh im Jahr, oft schon ab Ende Mai, ist der Sommer- oder Eichensteinpilz zu finden, unser zweithäufigster Steinpilz. Er macht Lust auf Sommerregen.

## Wann suchen?

Bereits Ende Mai lohnt es sich, die Augen nach ersten Sommersteinpilzen offen zu halten. Juni und Juli gelten als die besten Sommersteinpilz-Monate, aber auch im August und September sind sie noch zu finden. Wenn es kräftig regnet, kommen nach 1–2 Wochen die feinen Leckereien aus dem Waldboden. Besonders nach Starkregen lohnt es sich, auf die Suche zu gehen, denn dann wachsen oft viele gleichzeitig. Erst bei molligen 25 °C im Wald und extremer Trockenheit wird es Sommersteinpilzen zu warm für die Fortpflanzung, sie bleiben dann im Boden verborgen und bilden keine Fruchtkörper aus.

So schmeckt der Sommer doch – auch mit Regen: Nach Regenphasen zuerst ins frische Grün der Wälder abtauchen, und mit

**Wie erkenne ich gleich wieder ...**

... eine Eiche? An der charakteristischen Blattform – spicken auf den Kupfermünzen im Portemonnaie ist erlaubt – und den Eicheln am Boden unter dem Baum. Und Buchen? Nachschlagen auf → Seite 57.

Typisch: Am Hang im Moos eines sommerlich grünen Eichenwaldes.

ein bisschen Glück folgt danach Sonnenbrille, Terrasse und Pasta alla boscaiola. Das reinste Pilzsammler-Dolce-Vita.

## Wo finden?

Der Sommersteinpilz bevorzugt ganz klar Laubwald und gesellt sich am liebsten zu älteren Eichen, manchmal auch zu Buchen. Warm und feucht braucht er es. Von daher sind moosige Eichenwälder vielversprechend, am allerbesten Südhanglagen ohne nasse Mulden. Da Sommersteinpilze relativ standorttreu sind (das heißt, sie produzieren ihre Fruchtkörper über Jahre am gleichen Platz), lohnt sich der sommerliche Kontrollgang zu bekannten Stellen.

Steinpilze en masse. Die Bucheckern am Boden verraten in diesem Fall den Namen des Baumpartners.

## So muss er aussehen

**VON WEITEM**

- brauner Hut, meist hellerer Stiel
- wird ähnlich groß und schwer wie der Fichtensteinpilz → Seite 22, meist aber nur etwa faustgroß (wird in der warmen Jahreszeit schneller gefressen oder verdirbt)
- helle Fraßstellen von Schnecken fallen auf, ansonsten im Laub gut getarnt und besser im Moos auszumachen

Besonders dicker Stiel und samtiger Hut.

**VON NAHEM**

- bauchiger Stiel und feinsamtige Hutoberfläche
- Frische-Test: mit der Fingerkuppe auf den Hut drücken. Falls er sich leicht eindellen lässt, den Pilz stehen lassen, er ist dann nicht mehr gut.
- Nach dem Herausdrehen junger, madenfreier Sommersteinpilze bemerkt man das relativ hohe Gewicht.
- riecht sehr angenehm pilzig

**Hut:**

- Huthaut hell- bis (seltener) dunkelbraun, meistens blassbraun
- samtige Oberfläche auch bei feuchter Witterung, oft fein gewellt, bei Sommerhitze rissig
- dickfleischig, fest, mit zunehmendem Alter schwammig
- Röhrenschicht cremeweiß bis gelblich, niemals zartrosa oder rötlich

**Stiel:**

- besonders dick und bauchig, manchmal dicker als der Durchmesser des Huts

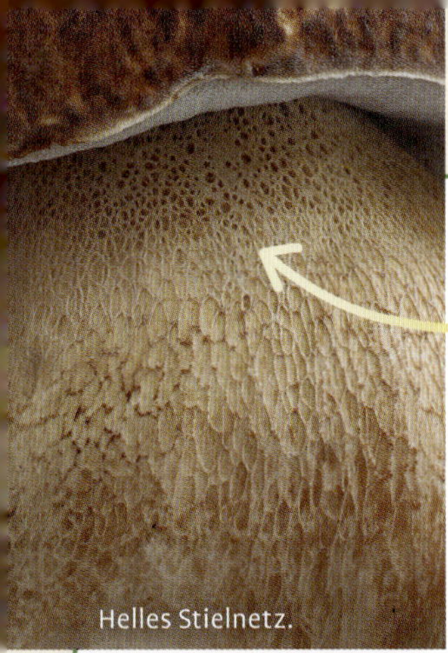
Helles Stielnetz.

- Glatte Oberfläche mit einem feinen, aber deutlichen, meist helleren Stielnetz überzogen, das bei Trockenheit dunkler werden kann. Dieses Stielnetz tritt zum Hut hin zunehmend stärker hervor.
- meist etwas heller braun als der Hut, seltener gleichfarbig

**Fleisch:**

- hell, weiß
- Anschnitt verfärbt sich nicht

**SO IST ER UNVERDORBEN**

- mit festem, hellem Fleisch, das man nicht eindrücken kann
- höchstens hellgelb verfärbte Röhren
- maden- und schimmelfrei

Sehr helle Röhren, also unverdorbener Pilz.



## *So nicht!*

- Stiel gelb oder rot
- Hut schwarz
- Fleisch läuft beim Anschneiden blau an
- Lamellen statt Röhren unter dem Hut
- Röhren rot oder blassrosa
- Fleisch madig oder weich
- Schimmel an Hut oder Stiel

GIFTIG

Genau wie beim Fichtensteinpilz sind die beiden giftigen Verwechslungskandidaten der **Schönfußröhrling** und der **Satanspilz** → Foto Seite 12, die sich aber durch ihre roten Stiele, der Satanspilz auch durch rote Röhren deutlich unterscheiden.

Schön giftig: der Schönfußröhrling

UNGENIESSBAR

**Netzstielige Hexenröhrlinge** wachsen zur gleichen Zeit wie die Sommersteinpilze und haben, wie der Name schon sagt, ebenfalls ein Stielnetz. Dieses Netz ist allerdings ausgeprägter als bei den Sommersteinpilzen, und die roten Poren (Ausgänge der Röhren) sind ein deutliches Unterscheidungsmerkmal. Sie sind nicht als gute Speisepilze zu empfehlen → Seite 28.

Netzstieliger Hexenröhrling

Wer nicht genau auf die Röhrengröße, Porenfarbe und das Stielnetz achtet und auch den Geschmackstest vergisst → Seite 28, verwechselt gerade den Sommersteinpilz leicht mit dem scheußlich bitteren **Gallenröhrling** → Foto Seite 28. Zusätzlich macht der Standort den Unterschied: Sommersteinpilze bevorzugen Laubwald, Gallenröhrlinge Nadelwald.

## So sammeln

Genau wie beim Fichtensteinpilz ist es am effizientesten, den dicken Fuß aus dem Boden herauszudrehen. Beim Sommersteinpilz lässt sich die Unterseite praktischerweise wie eine Kartoffel schälen. Wer das gleich erledigt, belässt ein Maxi-

mum an Biomasse im Waldkreislauf und kommt mit sauberen Pilzen zuhause an.
Beim Verdacht auf „madige Mitesser“ sollte man Sommersteinpilze noch vor Ort längs halbieren. Der Fuß kann nämlich durchaus madenfrei wirken, obwohl Stiel und Hut bereits durchlöchert sind. Dann besser – ja, genau – weg damit!
Zum Transport eignet sich alles, was genug frische Luft an die Pilze lässt. In Apotheken bekommt man oft Leinenbeutel in einer Größe geschenkt, die ideal zum Sammeln für eine Pilzmahlzeit geeignet ist.



**Achtung!**
Das Sammeln von Sommersteinpilzen unterliegt überraschenderweise keiner Beschränkung, im Gegensatz zu anderen Steinpilzarten.
Da diese Feinheiten vielen Förstern nicht bekannt sind, sollte man freiwillig nur höchstens 2–3 kg nach Hause tragen, wie es für **Fichtensteinpilz** → Seite 22 und den seltenen **Kiefernsteinpilz** als Limit vorgeschrieben ist. So geht man möglichen Konflikten aus dem Weg, und für den eigenen Gebrauch reicht diese Menge ja allemal.
Der seltene **Schwarzhütige Steinpilz** oder Bronzeröhrling hingegen darf überhaupt nicht gesammelt werden. Steinpilze mit schwarzen Hüten lassen wir also unbedingt stehen.

## Wie zubereiten?

Ganz genauso wie Fichtensteinpilze → Seite 29. Offen im Kühlschrank gelagert, bleiben sie ebenfalls 2–3 Tage verwendbar und lassen sich sehr gut durch Trocknen oder Einfrieren konservieren.
Nur ein einzelnes Exemplar gefunden? Den Pilz mit einem Trüffelhobel dünn über frisch gekochte Spaghetti hobeln und mit etwas gutem Olivenöl vermengen. Das ist ein besonderes Geschmackserlebnis. Bitte aber nur junge und absolut einwandfreie Pilze dafür verwenden.

# SEMMEL-STOPPELPILZ

## *Der mit den Stacheln*

Der Semmelstoppelpilz, auch Semmelgelber Stacheling genannt, ist ein sehr leicht zu erkennender Speisepilz. Markenzeichen sind seine semmelgelbe Farbe und die „Stacheln“ auf der Hutunterseite.

## Wann suchen?

Vom Hochsommer bis in den Spätherbst ist der Semmelstoppelpilz zu finden. Dank seines festen Fleischs hat er ein langes Leben, und so kann man ihn auch noch Wochen nach einer Regenperiode entdecken. Mit zunehmendem Alter verbittert er allerdings im wahrsten Sinne des Wortes, daher sammelt man ihn besser jung.

**Pilze und Regeln**

Die beste Pilzzeit ist grundsätzlich nicht nur der Herbst, auch im Sommer lassen sich eine Menge Pilze blicken. Für viele Speisepilzarten gibt es in diesen Jahreszeiten eine bestimmte Periode, in der ihr großes Pilzgeflecht im Boden seine wohlschmeckenden Fruchtkörper ausbildet. Doch keine Regel ohne Ausnahme, das gilt auch im Pilzreich. So kann der Sommersteinpilz schon mal mitten im Herbst auftauchen und der Fichtensteinpilz im Frühling – total verquer. Auch was ihren Standort betrifft, machen Pilze manchmal komische Sachen. Sie halten sich eben nicht immer an die Regeln, die in Pilzbüchern stehen.

Typisch: In Gruppen zusammengedrängt ...

... leuchten sie semmelgelb aus dem Moos.

4

## Wo finden?

Semmelstoppelpilze sind bei der Wahl ihrer Baumpartner durchaus offen, bevorzugen aber Buchen, Fichten und Kiefern. Mit ihrer hellen, gedrungenen Form sind sie in der Nadelstreu oder im Moos allerdings leichter zu finden als im Buchenlaub. Im Flachland und in überdüngten Gebieten kommen sie seltener vor. Da sie kalkige Böden ein kleines bisschen bevorzugen, versprechen also steile, bemooste Wälder auf Kalkuntergrund am ehesten Erfolg.

Auch Semmelstoppelpilze sind standorttreu → Seite 33. Ebenfalls erfreulich: Oft stehen sie zusammengedrängt in großen Gruppen oder „Hexenringen“ → Seite 49.

## So muss er aussehen

Semmelgelb und knubbelig.

### VON WEITEM

- leuchtet semmelgelb, selten in blasseren Farben oder mehr rötlich getönt
- erinnert an einen Pfifferling, ist aber oft auffälliger, da die knubbeligen Semmelstoppelpilze oft dichtgedrängt in Gruppen stehen
- wirken tatsächlich wie kleine Brötchen, die im Wald herumliegen

### VON NAHEM

- Der Blick auf die Hutunterseite offenbart das besondere, einzigartige Merkmal dieses Pilzes, die Stacheln. Diese laufen etwas am Stiel herunter und werden mit zunehmendem Alter immer länger.
- Auffällig und bemerkenswert ist noch das besonders feste Fleisch der Semmelstoppelpilze, das spröde bricht.
- Ihr Geruch ist angenehm, aber eher unauffällig.

**Hut:**

- matte, trockene, feinfilzige Huthaut mit semmelgelber bis cremeweißer Farbe
- bis zu 8 cm im Durchmesser
- unregelmäßig rundlich gebuckelt, knubbelig, polsterförmig, im Alter abgeflacht bis leicht trichterförmig
- Hutrand wellig verbogen
- blassgelbe, brüchige Stacheln unter dem Hut, die auch ein wenig am Stiel herablaufen

Die einzigartigen Stacheln.

**Stiel:**

- zylindrisch, zum Hut hin breiter
- mit glatter Oberfläche
- sitzt nie ganz in der Mitte des Hutes
- meist etwas kürzer als der Hut breit ist
- heller gefärbt, mitunter fast weiß

**Fleisch:**

- cremegelb
- sehr fest, dabei brüchig, nicht elastisch und nicht faserig
- verfärbt sich nicht beim Anschneiden

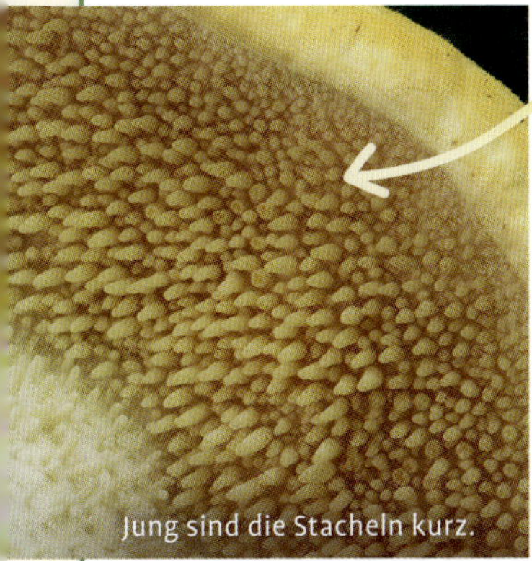

Jung sind die Stacheln kurz.

**SO IST ER UNVERDORBEN**

- mit 1–2 mm kurzen Stacheln
- mit festem Fleisch, das sich nicht eindrücken lässt
- ohne dunkle Flecken
- ohne schmierige Oberflächen
- ohne Schimmel oder Maden

4

## *So nicht!*

Semmelgelb mit Stacheln unter dem Hut zeigt sich kein anderer Pilz. Zwar gibt es weitere „stachelbärtige" Pilze, diese sind aber selten, sehen völlig anders aus und sind außerdem nicht gefährlich. Wer gesund bleiben möchte, muss also in erster Linie darauf achten, dass der Semmelstoppelpilz wirklich unverdorben ist.

ESSBAR

Andere Pilze mit Stacheln sind **Stachelbärte**, **Habichtspilze** oder **Korkstachelinge** und die **Duftstachelinge**. Keiner ähnelt aber dem Semmelstoppelpilz. Am ehesten ist noch die Verwechslung mit einem **Dornigen Stachelbart** denkbar, aber dieser wächst an Holz und ist eher cremeweiß. Auch andere Pilze mit Stacheln sind zwar theoretisch essbar, aber zum Teil selten und schützenswert. Auch mit **Semmel-**, **Schaf-** und **Ziegenfuß-Porling** ist eine Verwechslung denkbar. Diese haben allerdings eine Röhrenschicht unter dem Hut. Schaf- und Ziegenfuß-Porling sind sehr selten zu finden, gelten zwar als ausgezeichnete Speisepilze, sind aber besonders geschützt und damit tabu für den Pilzsammler.

Ebenfalls stachelig, sonst aber anders: Habichtspilz.

Heller und direkt an Holz: Dorniger Stachelbart.

UNGENIESSBAR

Zu alte, bitter gewordene Semmelstoppelpilze erkennt man meist nur an ihren besonders langen Stacheln. Man sollte daher nur Exemplare mit kurzen Stoppeln sammeln.

Zu alt mit zu langen Stacheln: schmeckt bitter.

## So sammeln

Frische Semmelstoppelpilze sind meist kleine, gedrungene Knubbel, die man schwerlich mit einem Messer abschneiden kann. Man dreht sie besser vorsichtig aus dem Boden. Da Semmelstoppelpilze so schön fest sind, bleiben sie auch in einem tiefen Korb oder einem größeren Stoffbeutel stabil.

**Achtung!**
Semmelstoppelpilze haben nach der Reaktorkatastrophe von Tschernobyl mehr radioaktive Elemente eingelagert als viele andere Pilzarten. In den allermeisten Regionen sind sie aber heute nicht mehr auffällig. Zur Sicherheit sollte man aber Semmelstoppelpilze aus dem Alpenvorland und dem Bayrischen Wald nicht allzu oft und nicht in großen Mengen essen.



## Wie zubereiten?

Das Beste an Semmelstoppelpilzen ist ihre angenehm feste Konsistenz. An ihnen hat man etwas zu kauen, und sie sind niemals glibberig. Das Aroma ist allerdings eher schwach ausgeprägt, deswegen verwendet man sie vor allem in Pilzmischgerichten.
Sie halten sich gekühlt und luftig gelagert 2 Tage, bis sie zunehmend bitter werden. Aus dem gleichen Grund sind sie zum Trocknen und Einfrieren auch nicht gut geeignet. Viele Pilzsammler schwören darauf, sie wie Essiggurken sauer einzulegen.

# PFIFFERLING

## *Der Glückspilz*

Der Echte Pfifferling, auch Eierschwamm oder Reherl genannt – ein Pilz, der Menschen glücklich macht und leichter im Wald zu finden ist, als viele annehmen. Oft wird er einfach nur übersehen.

## Wann suchen?

Pfifferlinge haben angenehm lang Saison. Ab dem Frühsommer bis in den späten Herbst sind die goldigen Pilze zu finden. Hochsaison ist der Sommer, einige Tage nach starken Regenfällen. Nur bei Trockenheit und Sommerhitze stehen die Chancen schlecht auf eine Begegnung mit dem beliebten Waldschatz.

## Wo finden?

Hier gilt die alte Weisheit „Wer suchet, der findet". Ist ja wohl bei allen Pilzen so, nicht wahr? Die Frage ist beim Pfifferling tatsächlich aber weniger, wo er vorkommt, sondern eher, wo er überhaupt entdeckt werden kann.
Grundsätzlich kommt er nämlich auf allen Waldböden vor, solange sie nicht von schweren Forstmaschinen verdichtet

Typisch: Hier im Moos von Laubwäldern oder eben in der Nadelstreu ist der Eierschwamm gut zu entdecken.

wurden, die dabei das Pilzgeflecht im Boden zerstörten, oder intensive Landwirtschaft in der Nähe für zu viel Düngung gesorgt hat. Ein wenig bevorzugt werden eher saure → Seite 57, sandige Böden. Den warmen Südrand von Fichtenschonungen abzusuchen bringt häufig Erfolg. Wie man Fichten erkennt, steht auf → Seite 17.

Pfifferlinge wachsen aber genauso häufig im Laubwald. Interessanterweise sind sie dort oft sogar deutlich größer als im Nadelwald. Weil sie dann meistens heller sind, werden sie in Laubwäldern aber noch leichter übersehen. Wer gute Augen hat, wird trotzdem fündig.

Da sind sie im Kontrast mit der dichten Nadelstreu junger Fichten schon wesentlich besser auszumachen. Sehr steile, bemooste Laubwälder, in denen alles Laub verweht wird, bieten ebenfalls einen guten Überblick, um die „Nuggets" leichter zu erspähen.

Wie so viele andere Pilze sind auch Pfifferlinge standorttreu. Es lohnt sich also, bekannte Fundstellen immer wieder aufzusuchen.



**Jackpot Hexenring**

Pilz an Pilz auf einer kreisförmigen Linie, das ist ein Hexenring. Weil sich das im Boden wachsende Pilzgeflecht von einem Zentrum aus in alle Richtungen ausbreitet und seine schmackhaften Fruchtkörper immer an seinem Rand hervorbringt, wird so ein Hexenring von Jahr zu Jahr größer. Daher können besonders alte Hexenringe echte Pilz-Jackpots sein.

## So muss er aussehen

**VON WEITEM**

- leuchtendes Eidottergelb auf dunklem Waldboden
- oft so hoch, wie der Hut breit ist
- eventuell in einem Hexenring angeordnet

**VON NAHEM**

- meistens eidottergelb von oben bis unten (im Nadelwald) oder fast cremeweiß im Laubwald, nicht selten mit blassen lila Schüppchen

Gelegentlich mit kleinen lila Schuppen.

- Form erinnert an einen Trichter oder ist bei jungen Exemplaren leicht gebuckelt
- aderige Leisten auf der Hutunterseite, die ohne Übergang am Stiel herunterlaufen; Leisten erinnern an Lamellen, lassen sich aber nicht von Hut und Stiel ablösen, sondern gehören fest zum Pilzfleisch
- riecht beim Sammeln nach Mirabellenkompott mit Pfeffer

**Hut:**

- matte Huthaut von eidottergelber bis cremeweißer Farbe, manchmal zur Mitte hin stärker mit blassvioletten Schüppchen bedeckt
- meist bis 5 cm im Durchmesser, gelegentlich aber auch deutlich größer
- anfangs rundlich gebuckelt, später trichterförmig mit welligem Rand

Jung ist der Hut rundlich gebuckelt.

Die Leisten laufen am Stiel herab.

- mehr oder weniger gegabelte, aderig verwachsene, breite Leisten in der Farbe des Huts, die ohne Übergang am Stiel herablaufen und sich nicht ablösen lassen

**Stiel:**
- oben breit, mit fließendem Übergang zum Hut, nach unten hin schmaler werdend
- oft so hoch wie der Hut breit ist
- unterhalb der Leisten mit glatter, aber matter Oberfläche und zum Fuß hin mitunter etwas heller gefärbt

**Fleisch:**
- gleiche Farbe wie Hut und Stiel
- fest und kaum faserig
- Anschnitt verfärbt sich nicht

**SO IST ER UNVERDORBEN**
- ohne dunkle Flecken, Schimmel oder Maden
- keine schmierigen Oberflächen
- mit festem, etwas elastischem Fleisch



## *So nicht!*

- Lamellen, die sich leicht ablösen lassen, statt Leisten unter dem Hut (bitte immer Hutunterseite checken, was erst ab einem bestimmten Alter möglich ist; zu junge Exemplare daher stehen lassen)
- wächst als Büschel direkt auf Holz oder Wurzelholz
- eher orange als gelb
- Hut heller als der Stiel
- Hutrand deutlich eingerollt
- verdorben

GIFTIG

Gefährlich giftige **Rauköpfe** wie der **Spitzgebuckelte Raukopf** oder der **Löwengelbe Raukopf** werden von Unvorsichtigen manchmal mit jungen Pfifferlingen verwechselt. Rauköpfe haben jedoch Lamellen statt Leisten unter dem Hut. Deswegen sollte man keine allzu jungen Pfifferlinge ernten, die sich noch nicht unter den Hut schauen lassen.

Die giftigen Rauköpfe haben Lamellen statt Leisten – und diese laufen nicht am Stiel herab.

Der giftige **Ölbaumpilz** könnte viel leichter mit dem Pfifferling verwechselt werden. Allerdings kommt er in der Regel nur südlich der Alpen in warmen Mittelmeerländern direkt bei Olivenbäumen vor. Nördlich der Alpen ist er extrem selten, wurde aber auch schon am Fuß einer Roteiche in Norddeutschland entdeckt – vielleicht ein Effekt des Klimawandels.

Der orange Ölbaumpilz, der unter bestimmten Bedingungen grünlich leuchtet.

Der Ölbaumpilz wächst büschelig aus Holz oder Wurzelholz heraus. Farblich ist er eher orange als gelb und – verrückt, aber wahr – er leuchtet in feuchtwarmen, mondlosen Nächten grünlich.

UNGENIESSBAR

Oft werden die ungefährlichen **Falschen Pfifferlinge** mit den Echten Pfifferlingen verwechselt. Sie schmecken in erster Linie nicht sonderlich lecker, werden aber auch von einigen Menschen nicht gut vertragen.

Falsche Pfifferlinge haben keine Leisten, sondern Lamellen, die sich leicht ablösen lassen. Ihre Huthaut ist etwas heller als der Rest des Pilzes. Der Hutrand bleibt lange eingerollt.

Der Falsche Pfifferling hat Lamellen.

ESSBAR

Neben dem Echten Pfifferling gibt es noch andere mehr oder weniger ähnliche Pfifferlingsarten, allesamt gute Speisepilze. Am häufigsten ist der **Trompetenpfifferling**, der im Herbst mitunter massenhaft vorkommt und sogar noch unter Schnee zu finden ist.

Der Trompetenpfifferling ist essbar.

## So sammeln

Hier fällt die Entscheidung leicht: knapp über dem Waldboden mit dem Messer abschneiden, da der Fuß nicht ergiebig ist. So kommen die meisten Fundstücke auch schon sehr sauber in einen flachen Korb oder kleinen Stoffbeutel.



**Achtung!**
Auch Pfifferlinge dürfen nur für den Eigenbedarf → Seite 29 gesammelt werden. Doch weniger ist hier sowieso mehr, denn sie sind nicht ganz so leicht verdaulich. Daher sollte man sie lieber nicht täglich und nicht in großen Mengen genießen.

## Wie zubereiten?

Mit ihrem feinen Geschmack passen Pfifferlinge hervorragend zu Gemüse und Kartoffeln. Das Fett etwa einer Sahnesoße vermag ihr mildes Aroma gut zu tragen.
Zum Trocknen und Einfrieren eignen sie sich nicht. Und trotzdem machen Pfifferlinge die Menschen glücklich. Warum?

- Gekühlt und luftig gelagert hat der Sammler überdurchschnittlich lange etwas von seinem Glück, 3 Tage sollte man aber nicht überschreiten.
- Sie sind extrem selten von Maden und Schnecken befallen.
- Schwabbelig werden sie nie.

# HERBST-TROMPETE

## *Der verkannte Waldschatz*

Totentrompete wird sie auch genannt, diese düstere Erscheinung. Klingt beängstigend, entspricht aber keinesfalls ihrem Speisewert. Der englische Name horn of plenty wird dem schon eher gerecht.

## Wann suchen?

Die besten Monate für die Suche nach Herbsttrompeten sind September und Oktober, in denen sogar immer wieder Massenvorkommen auftreten. Doch generell wachsen die düsteren Pilze von Juli bis in den Dezember hinein. Es könnte sich also auch ein Winterspaziergang lohnen und der Traum eines vorweihnachtlichen Wildpilzgerichts wahr werden. (Aber bitte nur die unverdorbenen ernten, damit es kein Albtraum wird.)

Typisch: Im Moos von Buchen- oder Mischwäldern mit Buchen.

Wie bei ihren Symbiosepartnern, den Laubbäumen, gibt es bei Herbsttrompeten regelrechte Mastjahre. Dann sprießen sie in großer Zahl aus dem Waldboden und könnten ganze Großfamilien versorgen. In anderen Jahren reicht ihr Vorkommen nur – wenn überhaupt – für Single-Haushalte. Ein zeitlicher Zusammenhang mit den Mastjahren der Bäume besteht aber offensichtlich nicht.

## Wo finden?

Buchenwälder mit mächtigen Buchen oder auch Mischwälder mit vereinzelten Buchen sind am vielversprechendsten für die Suche nach Herbsttrompeten. Ein wenig Moos und viel junger Baumnachwuchs steigern noch die Chance auf volle Körbe.
Kalk im Untergrund ist hilfreich, aber keine Grundvoraussetzung für ihr Vorkommen. Saure, nährstoffreiche Böden mögen sie hingegen nicht. (Ob ein Waldboden eher sauer oder alkalisch ist, erkennt der fortgeschrittene Naturfreund übrigens nicht am Geschmack, sondern an Pflanzen, die sauren Boden anzeigen, wie etwa Heidelbeere oder Ginster.)
Auch bei Herbsttrompeten lohnt sich das Absuchen bekannter Stellen, da sie ihrem Baumpartner ein Leben lang treu bleiben.

6

**Die Buche ...**

... erkennt man an der glatten, grauen Rinde, den ovalen, leicht gespitzten Blättern mit glattem Rand und feinen Härchen und an den Bucheckern auf dem Waldboden. Botanisch korrekt heißt sie Rot-Buche – wegen ihres rötlichen Holzes.

## So muss sie aussehen

### VON WEITEM

- aus der Entfernung nur sehr schwer zu entdecken

Dunkle Flecken auf dem Waldboden.

- auch bei Massenvorkommen nur als dunkler Schatten am Waldboden auszumachen

### VON NAHEM

- mit ihrer hellgrauen bis rußgrauen Farbe eine düstere Erscheinung
- typische Trompetenform mit einem hohlen „Stiel“, der sich nach oben zu einem Trichter verbreitert, bei ausgewachsenen Exemplaren ist der Rand nach außen umgebogen
- Gestalt nicht in Stiel und Hut unterteilbar
- Fleisch auffallend dünn
- riecht angenehm würzig aber nicht sehr intensiv

Trockene Pilze sind viel heller.

**Gestalt:**

- hellgrau, aschgrau, braungrau bis rußgrau gefärbt
- trocken deutlich heller gefärbt als in feuchtem Zustand
- bis zu 20 cm hoch, aber meistens nur 3–5 cm hoch und 2–3 cm breit
- bei älteren Exemplaren welliger bis flatteriger Rand
- Außenseite glatt bis runzelig und deutlich heller gefärbt als die Innenseite

Graue Trompete, dünnes Fleisch.

- Innenseite filzig und oft mit bräunlichen Schüppchen besetzt

**Fleisch:**

- dünn
- aschgrau bis dunkelgrau
- elastisch, aber leicht brüchig
- deutlich längsfaserig, aber nicht zäh

## SO IST SIE UNVERDORBEN

- mit elastischem Fleisch
- maximal rußgrau gefärbt, nicht glänzend schwarz
- nicht eingetrocknet
- vor dem ersten Nachtfrost

6

## *So nicht!*

- hart und vertrocknet
- unelastisches, matschiges Fleisch
- glänzend schwarz
- mit Schimmelbefall

Glänzend schwarz mit Schimmel sind sie eindeutig verdorben.

Ab und zu erlaubt sich die Natur eine Laune und bringt gelb gefärbte Herbsttrompeten hervor. Das kommt allerdings nur selten vor. Genetisch und geschmacklich sind diese gelben Exemplare mit den dunkelgrau gefärbten identisch.

In manchen Jahren kommt es, verursacht durch ein Virus, zu Riesenwachstum der Herbsttrompeten. Sie werden dann immer größer, und ihr Trichter wird krauser und „verschachtelt“. Für den Menschen ist das Virus ungefährlich, die Pilze sind also gut essbar.

Herbsttrompete mit „Riesenvirus“.

Die Trompetenform der Herbsttrompete findet sich nur entfernt bei den ungefährlichen **Trompetenpfifferlingen,** allerdings ohne den hohlen Stiel.

Graue Leistlinge haben Leisten unter dem Hut.

Manchmal werden Herbsttrompeten mit den essbaren, aber seltenen **Grauen Leistlingen** verwechselt. Sie sehen aus wie Pfifferlinge in Schwarz und haben Leisten unter dem Hut → Seite 51.

Maden sind aufgrund des dünnen Fleischs auch gar kein Thema. Bei zu viel Regen können Herbsttrompeten aber schnell verderben. Sie sind dann pechschwarz und matschig.

## So sammeln

Herbsttrompeten haben einen kleinen, schmalen Fuß, daher schneidet man sie am besten kurz über dem Waldboden ab. In den Mastjahren kann man dies büschelweise tun und hat in kurzer Zeit ein Körbchen voll. Im Inneren verstecken sich hin und wieder Insekten oder kleine Schnecken, aber der Hohlraum der Herbsttrompeten ist meistens gut einsehbar und leicht zu reinigen.

**Achtung!**
Herbsttrompeten unterliegen in Deutschland keiner Sammelbeschränkung durch den Artenschutz. Dennoch kann es sein, dass regional das Sammeln wild wachsender Pilze generell auf wenige Kilos pro Person und Tag beschränkt ist.

## Wie zubereiten?



Aufgrund ihres intensiven Geschmacks werden Herbsttrompeten von manchen als „Trüffel für Arme“ bezeichnet. Wie die Trüffel sind sie tatsächlich eher sparsam in der Küche zu verwenden. Am besten kommen sie als Zutat in Aufläufen oder Gratins zur Geltung.
Außerdem lassen sie sich hervorragend trocknen (am besten mit einem einfachen Dörrgerät). Sie gewinnen dadurch sogar deutlich an Aroma, und das Einweichen bringt schnell eine angenehme Konsistenz zurück.
Aus knochentrockenen Herbsttrompeten lässt sich Pilzpulver herstellen, das sich zum Würzen oder Eindicken von Suppen und Saucen hervorragend eignet. Kleine Mengen können im Mörser gemahlen werden, größere Mengen besser im Mixer. In luftdicht verschließbaren Behältern hat man einige Monate Freude daran.

# SCHOPF-TINTLING

## *Der mysteriöse Spargelpilz*

Kaum ist er da, zerfließt er zu schwarzer „Tinte“. Er lähmt Würmer im Boden und verdaut sie innerhalb weniger Tage. Dem Menschen folgt er auf dem Fuß, sein Geschmack ähnelt dem von Edelgemüse. Was für ein Pilz!

## Wann suchen?

Die Antwort bei dem außergewöhnlichen, aber sehr häufigen Pilz ist klassisch: im Herbst! Der Schopftintling oder Spargelpilz kann zwar schon im Mai erscheinen, doch in den meisten Jahren hat er sein Massenauftreten Ende September / Anfang Oktober nach dem ersten herbstlichen Regenwetter. Wenn sich der erste Frost verspätet, ist er bis weit in den Dezember hinein zu finden. Wieder ein Kandidat für adventliche Pilzkreationen – ob mit oder ohne Zimt.

## Wo finden?

Schopftintlinge erscheinen nach Regenperioden an den unmöglichsten Stellen, selbst durch kleine Risse der Asphaltdecke oder aus Betonspalten wachsen sie heraus. Wie kleine Jungs scheinen sie Bagger, LKWs und Traktoren zu mögen. Typisches Szenario: Man ist auf dem Weg von A nach B, aber

Typisch: An den unmöglichsten Stellen, an denen der Mensch am Werk war.

keinesfalls auf Pilzsuche, und hat heute wirklich keine Zeit für Querfeldein-Abenteuer … Da stehen sie! An geschotterten oder gar geteerten Wegen, an Stellen, wo im steinigen Untergrund vor ein paar Monaten gebaggert wurde, oder auch in stickstoffreichen Wiesen oder Rasenflächen.

Ja, durch den Menschen gestörter Grund wird vom Schopftintling eher besiedelt als alte, gewachsene Böden. Eine Partnerschaft mit Bäumen geht er nicht ein, ist aber doch auch ein wenig standorttreu.

**Frisst Fleisch**

Pilze gehören weder zum Tier- noch zum Pflanzenreich, sondern zu einem eigenen, dem Pilzreich. Da sie keine Fotosynthese betreiben, brauchen sie andere Lebewesen zum Überleben. Je nach Art können sie totes organisches Material zersetzen, an lebenden Organismen parasitieren oder sie tauschen Wasser und Nährstoffe in einer Symbiose mit Pflanzen aus. Der Schopftintling beherrscht noch eine andere Variante des Nahrungserwerbs. So ähnlich wie fleischfressende Pflanzen oder Spinnen fängt er sich lebende Beute: Er lähmt winzige Fadenwürmer im Boden mit einem Gift, umschließt sie mit seinem Pilzgeflecht und verdaut sie – die perfekte Nahrungsergänzung zum sonstigen Vegetarismus.

## So muss er aussehen

### VON WEITEM

- helle Walzen auf weißem Stiel
- kommen meist einzeln oder auch als enges Paar aus dem Boden und stehen in kleineren oder größeren Gruppen
- ältere, ungenießbare Schopftintlinge fallen durch ihre Größe auf und zeigen oft den Weg zu kleineren, essbaren Schopftintlingen

Wo ältere stehen, sind jüngere oft nicht weit.

### VON NAHEM

- junge, brauchbare Schopftintlinge: in allen Teilen reinweiß bis cremeweiß, Hut mit groben, faserigen Schuppen
- erinnert entfernt an einen üppigen Haarschopf oder eine englische Bärenfellmütze
- ältere, ungenießbare Exemplare: vom Hutrand ausgehend zunehmend dunkel, zerfließen dann zu schwarzer Tinte, die am Hut heruntertropft; zuletzt bleibt nur der schlanke und feste Stiel stehen

**Hut:**

- jung walzenförmig, später etwas glockig ausgebreitet
- wird bis 10 cm hoch und 6 cm breit
- Huthaut weiß, in der Hutmitte über dem Stielansatz rötlich bis bräunlich, reißt mit dem Wachstum zu grob faserigen Schuppen auf
- Lamellen dicht gedrängt, weiß, später zunehmend rosa gefärbt, zuletzt schwarz

**Stiel:**

- schlanke 1–2 cm im Durchmesser

- bis 18 cm lang
- hohl mit knolligem Fuß
- Oberfläche leicht schuppig
- oft mit einem schmalen, häutigen und losen Ring, wenn er nicht schon abgefallen ist
- fester als der Hut, leicht längsfaserig

**Fleisch:**

- weiß
- dünn und weich
- nicht faserig im Hut, leicht längsfaserig im Stiel
- Anschnitt verfärbt sich nicht

**SO IST ER UNVERDORBEN**

- reinweiß oder cremeweiß ohne dunkle Stellen, außer ganz oben auf dem Hut
- kein dunkler Schimmer am Hutrand
- weiße Lamellen

Perfekt: helle Hüte. Die Farbe der Lamellen wird spätestens beim Ernten gut sichtbar.



## So nicht!

- dunkler Hutrand
- dunkelrosa Lamellen zum Hutrand hin
- dunkle Flecken
- graue Huthaut
- faltiger oder scheckiger Hut

Geringe Verwechslungsgefahren bestehen mit jungen Exemplaren des ungenießbaren **Spechttintlings** sowie mit dem **Faltentintling**. Beide haben schon eine deutlich andere Hutoberfläche. Letzterer enthält in bedeutender Menge Coprin, das den vollständigen Abbau von Alkohol in der Leber behindert, schlimme Kater-Symptome sind die Folge. In geringen Mengen soll das Coprin auch in Schopftintlingen enthalten sein.

Die Hüte junger Spechttintlinge …

… und Faltentintlinge unterscheiden sich deutlich vom Schopftintling.

## So sammeln

Da er einen dünnen Stiel hat, ist beim Schopftintling wieder das Abschneiden der beste Weg zu guter Ausbeute und wenig Putzarbeit. Obwohl sich viele Rezepte nur auf den Hut beziehen, spricht nichts dagegen, auch den Stiel zu verwenden.
Beim Transport der zarten Pilze muss ganz besonders auf Luft und Platz geachtet werden. Am besten werden sie dabei einzeln nebeneinander und nicht übereinander gelegt, so behalten sie ihre Konsistenz und bleiben einige Stunden haltbar.
Wer direkt nach der Pilztour keinerlei Zeit oder Muße für Küchenarbeit hat, lässt Schopftintlinge lieber stehen. Sie müssen sofort verarbeitet werden, damit sie nicht verderben.

**Achtung!**
Schopftintlinge wachsen häufig auf ökologisch belastetem Untergrund. Da sie wie die meisten Pilze Schwermetalle anreichern können, sollte man sie nicht allzu oft essen.



## Wie zubereiten?

Der Schopftintling ist ein hervorragender Speisepilz, der nur leider nicht gelagert werden kann, sondern so schnell wie möglich verarbeitet werden muss. Man brät ihn am besten scharf in einer Pfanne an und gießt dann Rührei dazu. So bleibt sein feiner Spargelgeschmack erhalten. Bitte nicht zu viele Pilze gleichzeitig anbraten, damit sie kein Wasser ziehen und darin kochen statt zu braten.
Junge, in Ringe geschnittene Schopftintlinge kann man gut einfrieren. Kommen sie bei der Verwendung dann gefroren direkt in eine heiße Pfanne, werden sie nicht matschig.
Übrigens soll der Schopftintling wachstumshemmend bei Brustkrebszellen, Blutzuckerwerte senkend, antimikrobiell und verdauungsfördernd wirken.

# PARASOL

## *Der Strubbel-Sonnenschirm*

Er fällt ins Auge. Der Parasolpilz ist so groß, dass ihn jeder findet. Als *das* vegane Wald- und Wiesenschnitzel schlechthin kennen ihn viele, man kann ihn aber auch lecker füllen oder grillen.

## Wann suchen?

Suchen ist nicht der richtige Ausdruck, besser Ausschau halten. Denn auch Menschen, die nicht mit Pilzbuch, Korb und Messer durch Wald und Wiesen streifen, fällt er auf – allein schon seiner Größe wegen. Manchmal entdeckt man ihn sogar im Vorbeifahren vom Auto aus auf einer kurz gemähten Wiese. Von Juli bis November könnte sich dieses Ausschauhalten lohnen. Parasole tauchen mehrere Tage nach einem ergiebigen Regen auf, meistens aber erst, wenn sich kühleres Wetter eingestellt hat und die Wiesen vom Frühtau glitzern. Die beste Zeit ist gewöhnlich Ende September und Anfang Oktober.

Typisch: Fallen schon von Weitem auf Wiesen ...

**Pa-ra-sol …**
… klingt nicht deutsch. Der Name kommt aus dem Französischen, wo *parasol* Sonnenschirm heißt, denn genau so sieht der Pilz aus: ein großer Schirm auf langem Stiel.

… und an grasigen Lichtungen auf.

## Wo finden?

Am besten, man lässt den Blick über grasige Waldböden oder Wiesen am Waldrand schweifen. Wo einige Jahre zuvor der Wald ausgelichtet wurde und sich nun wieder ein wenig Gras angesiedelt hat, wachsen Parasolpilze besonders häufig. Auch an Straßen- und Wegrändern sind sie zu finden.



**Die liebe Verwandtschaft**
Der Parasol, Parasolpilz oder Riesenschirmling ist mit dem Champignon näher verwandt. Kein Wunder also, dass er ein so guter Speisepilz ist. Einige engere Familienmitglieder, sprich: andere Schirmlinge, sind allerdings ungenießbar oder sogar giftig.

## So muss er aussehen

**VON WEITEM**

- sieht aus wie ein strubbeliger Strandsonnenschirm oder, noch nicht aufgeschirmt, wie ein Paukenschlegel
- steht zwar häufiger in Gruppen, dann aber meistens mit einigen Metern Abstand zwischen den einzelnen Pilzen

**VON NAHEM**

- Stiel genattert, das heißt, ähnlich wie auf der Haut mancher Schlangen wechselt die Farbe zwischen Hell und Dunkel in einem zackigen Muster
- Hutform erst rundlich, später abgeflacht. In der Mitte bleibt aber immer ein kleiner, aber deutlicher Buckel. Bei jungen Parasolen sieht der Hut eher keulig aus und erinnert an einen Paukenschlegel.
- Huthaut mit groben, bräunlichen Schuppen bedeckt, die etwas abstehen
- ein breiter Ring, der sich locker am Stiel verschieben lässt (falls er noch nicht abgefallen ist)

Sonnenschirm ...

... und Paukenschlegel.

Genatterter Stiel mit breitem, verschiebbarem Ring.

**Hut:**

- bis zu 30 cm Durchmesser
- anfangs keulig, bläht sich kugelig auf, bis er rundlich aufschirmt und schließlich ganz flach ist
- bis zuletzt kleiner runder Buckel in der Hutmitte
- Huthaut mit bräunlichen, derben, leicht abstehenden Schuppen
- weiße Lamellen unter dem Hut, die nicht bis zum Stiel reichen

**Stiel:**

- bis zu 35 cm hoch
- mehr oder weniger deutlich genattert
- mit verschiebbarem breitem Ring (der aber auch fehlen kann, wenn er schon abgefallen ist)
- mit knolligem Fuß
- zäh und faserig

**Fleisch:**

- hell bis weiß
- leicht faserig
- Anschnitt bleibt weiß

**SO IST ER UNVERDORBEN**

- weiße Lamellen
- schuppige, aber nicht wollig weiche Huthaut
- madenfreies, weißes Fleisch



## *So nicht!*

- mit einem Ring, der fest mit dem Stiel verbunden ist
- Stiel einfarbig
- Fleisch läuft beim Anschneiden rötlich an
- mit sandig wirkender Stielknolle
- spitzer Zipfel in der Hutmitte
- Huthaut glatt
- allzu riesiger, derber, wolliger Hut

GIFTIG

Giftig, ohne verschiebbaren Ring, ohne Schlangenmuster am Stiel: Gift-Safranschirmling.

Mit dem seltenen **Gift-Safranschirmling** gibt es tatsächlich einen giftigen Verwechslungskandidaten. Er wächst meistens da, wo viele Nährstoffe zur Verfügung stehen, weil organisches Material abgebaut wird, zum Beispiel bei Komposthaufen. Sein Fleisch läuft beim Anschneiden rötlich an. Die Knolle unten am Fuß des Stiels ist breit, hat einen leicht abgesetzten Rand und wirkt sandig.

UNGENIESSBAR

Die anderen Arten an Riesenschirmlingen sind nicht gefährlich oder sogar essbar. Für den Anfang ist es aber am sichersten, sich an echte Parasole mit ihrer typischen Natterung → **Seite 74** am Stiel zu halten.
Überständige Exemplare sollte man allerdings besser meiden. Es sind die besonders riesigen Exemplare, die bereits derbe, wollig weiche Hüte haben. Solch einen Parasol lässt man besser stehen, damit der Wind seine Sporen verbreiten kann.

## So sammeln

Den Stiel der Parasolpilze kann man getrost stehen lassen – er ist nicht nur sperrig, sondern auch zäh und faserig. Am besten schneidet man den aufgeschirmten Hut direkt an der Stielspitze ab. Junge, noch geschlossene Hüte werden mit der Hand umschlossen und vom Stiel abgedreht.
Da Parasole niemals schleimig oder klebrig sind, kann man sie nicht nur in einem luftigen Korb, sondern ruhig auch in einem Stoffbeutel transportieren.

**Achtung!**
Der Parasol unterliegt keiner Sammelbeschränkung. Man kann sich aber den Zorn seiner Liebhaber zuziehen, wenn man sie jung als „Paukenschlegel" erntet. Die meisten Pilzsammler würden dies niemals tun, da Parasole fast ausschließlich als Parasolschnitzel zubereitet werden. Der Hinweis auf gefüllte Paukenschlegel könnte die Gemüter beruhigen.

## Wie zubereiten?

Klassisch werden die Hüte ganz oder geviertelt paniert und in der Pfanne als Parasolschnitzel gebraten. Ihr Aroma ist wunderbar nussig. Die geschlossenen Hüte lassen sich aber auch hervorragend füllen und ausbacken oder grillen. Wie wäre es mit einer gut gewürzten Mischung aus Gemüse und Hackfleisch oder aus Frischkäse, Kräutern und Kartoffeln?
Wichtig ist, dass die Parasole wirklich durchgegart sind, damit sie bekömmlicher werden. Roh oder ungenügend erhitzt können sie schon mal Bauchweh und Schwindel verursachen.
Zum Trocknen sind Parasole nicht gut geeignet, aber einfrieren kann man die Hüte, am besten einzeln und bereits paniert.

# EDEL-REIZKER

## *Die mit der roten Milch*

Die Gruppe der Edelreizker verrät sich durch ihre orange bis rote Milch eindeutig. Aber nicht erschrecken! Was orange oben rein kommt, passiert die Nieren und kommt unten orange wieder raus – und ist völlig harmlos.

9

## Wann suchen?

Edelreizker im weiteren Sinn wachsen von Sommer bis Herbst. Am Ende des Sommers, nach einer Regenperiode, ist Reizker-Hochsaison. Am leckersten ist der eigentliche Edelreizker, der bei Kiefern wächst. Weil er bei Pilzsammlern so begehrt ist, empfiehlt es sich, zu seiner Suche schon früh am Tag in die Kiefernwälder aufbrechen.

## Wo finden?

Bei Kiefern → Seite 89 wachsen gleich mehrere Edelreizker-Arten. Sie sind zwar schwer unterscheidbar, allesamt aber beste Speisepilze.

Typisch: Reizker findet man vor allem im Morgenlicht.

Der häufige Fichtenreizker kommt aber ausnahmslos bei Fichten → Seite 17 vor. An ihm scheiden sich die Geister. Viele finden ihn zu bitter, andere mögen seinen intensiven Geschmack. Noch intensiver schmeckt der seltene Lachsreizker, der nur bei Weißtannen lebt.

Für den Anfang ist es also empfehlenswert, Kiefernwälder für die Suche nach Reizkern zu erkunden, denn dort wachsen eben gleich mehrere und zwar die allgemein beliebten Arten. Dabei kommen sie auf fast allen Böden vor. Allzu starken Stickstoffeintrag, also zu viel Gülle, mögen sie aber nicht, ebenso wenig Staunässe.

**Reizker-Begrifflichkeiten**

Als Edelreizker im weiteren Sinn versteht man die Gruppe der Reizker-Arten mit roter Milch, die bei Kiefern wachsen und gute Speisepilze sind. Dazu gehört auch der Edelreizker im engeren Sinn mit dem kulinarisch vielversprechenden Artnamen *Lactarius deliciosus*. Der giftige Birkenreizker hat eine andersfarbige Milch und gehört eigentlich gar nicht zu den Reizkern, heißt nur so.

## So müssen sie aussehen

**VON WEITEM**

- mehr oder weniger intensive rote Farbe, Fichtenreizker färben sich allerdings mit zunehmendem Alter mehr und mehr grün
- stehen eher selten einzeln, sondern meist in Gruppen bei ihrem Baumpartner

**VON NAHEM**

- Reizker haben Lamellen – wie viele Giftpilze. Lamellen sind radial vom Stiel zum Hutrand verlaufende, dünne „Blättchen" (siehe Pilzskizze vordere Umschlaginnenseite).
- Diese Lamellen lassen sich aber leicht zerbrechen – damit schließt man schon gefährliche Giftpilze aus.
- Edelreizker sondern beim Anschneiden eine orange bis rote Milch ab, die zum Teil sogar zu tropfen beginnt. Das macht sie zu sicher bestimmbaren Wildpilzen, auch für Anfänger.
- Sie sind mindestens 3 cm groß.

**Hut:**

- meist um die 10 cm im Durchmesser, seltener bis 20 cm breit
- orange bis ocker gefärbt mit mehr oder weniger deutlich erkennbaren konzentrischen Ringen
- verfärbt sich bei einigen Arten mit der Zeit und zur Mitte hin zunehmend dunkelgrün bis spangrün oder auch blaugrün
- verfärbt sich beim Fichtenreizker auf Druck schnell grün

Fichtenreizker, grüppchenweise unter Fichten.

- bei Feuchtigkeit leicht klebrig, bei Trockenheit hell bereift
- mehr oder weniger welliger Hutrand
- jung gewölbt, später trichterförmig
- orangefarbene bis blassorange Lamellen an der Hutunterseite, etwas am Stiel herunterlaufend oder angewachsen
- Lamellen leicht zerbrechlich

**Stiel:**

- zylindrisch, 1–3 cm breit und etwa so lang, wie der Hut breit ist
- auffallend fest, dabei nicht faserig
- mehr oder minder hohl oder mit hellerem Filz gefüllt

Hohler Stiel mit hellem Filz.

Ein gutes Zeichen: rote Milch tropft heraus.

- orange bis blassorange, besonders beim Edelreizker im engeren Sinn mit dunkelorangen Grübchen → Foto Seite 85.

**Fleisch:**

- blassorange, fest, lässt sich nicht leicht brechen
- orange, karottenrot oder weinrot gefärbte Milch, die beim Anschneiden oder Brechen lebhaft austritt und bei frischen Exemplaren in Sekundenschnelle tropft
- Milch trocknet später grün ein oder verfärbt sich karminrot

**SO SIND SIE UNVERDORBEN**

- mit festem Fleisch, das man nicht eindrücken kann
- wenn bei Verletzung die Milch lebhaft herausrinnt
- madenfrei und ohne Schimmel



*So nicht!*

- madig oder verdorben
- ohne orange oder rote Milch
- biegsame, elastische Lamellen, die nicht splittern
- faseriges Fleisch
- winzig, nur 1–2 cm klein
- mit sehr dünnem Stiel

GIFTIG

Der **Zottige Birken-Milchling** oder **Birkenreizker** ist nur nach einer Spezialbehandlung ungiftig und könnte mit einem Edelreizker verwechselt werden. Er hat allerdings einen wolligen Hut und weiße, scharf schmeckende Milch. Zudem wächst er nur bei Birken.

Der wollige Hut verrät den Zottigen Birken-Milchling.

UNGENIESSBAR

Die rote Milch der Edelreizker macht sie zu sicher bestimmbaren Speisepilzen. Einige ungenießbare **Helmlingsarten**, eher kleine Pilze (wenige cm im Durchmesser) mit sehr dünnen, langen Stielen können aber auch rote Flüssigkeit absondern. Man sollte also schon einen normal großen Pilz mit Hut und Stiel vor sich haben.
Alle anderen Pilze, die Milch absondern und spröde Lamellen haben, sind auch nicht giftig, zumindest in Europa. Manche dieser **Milchlinge** können allerdings brennend scharf schmecken und unverträglich sein. Bei roter Milch ist aber auch das nicht der Fall.

## So sammeln

Damit nicht zu viel der kostbaren, schmackhaften Milch aus dem Reizker herausläuft, empfiehlt es sich, ihn vorsichtig aus dem Boden herauszudrehen. Mit einer kleinen Bürste ist er schnell von Erde und Nadeln befreit.
Finden sich genügend Reizker, sollte man andere Pilzarten besser stehen lassen, denn in einem Mischpilzgericht kommt der besondere Geschmack der Reizker kaum zur Geltung. Wie so oft eignet sich ein flacher, luftiger Korb zum Transport am besten.

Vorsichtiges Herausdrehen ist bei Reizkern die Methode der Wahl, damit der wertvolle Milchsaft nicht vergeudet wird.

**Achtung!**

Reizker unterliegen weder dem Artenschutz noch einer Sammelbeschränkung. Es gelten die allgemeinen Regeln der Landesforsten für das Verhalten und das Aneignungsrecht durch jedermann im Wald. Gewöhnlich bedeutet dies eine Beschränkung auf eine Menge, die zum Eigenverbrauch bestimmt ist, also 2–3 kg pro Sammler und Tag.

## Wie zubereiten?

Reizker sind am besten in einer heißen Pfanne aufgehoben. Man sollte sie dabei in möglichst großen Stücken lassen, damit nicht zu viel ihrer Milch herausrinnt. Am besten schmecken sie kross angebraten mit Brot. Man kann sie auch prima als Ganzes grillen.

Im Kühlschrank offen gelagert halten sie sich 1–2 Tage. Zum Trocknen oder Einfrieren sind sie leider nicht gut geeignet. Manche legen sie sauer ein. In Teilen Russlands zerkocht und zerstampft man sie zusammen mit Zwiebeln, Knoblauch und viel Salz zu einem zähen Brei, den man heiß in Gläser füllt und so eine Weile lagern kann.

# KRAUSE GLUCKE

## *Der skurrile Badeschwamm*

Sie hat weder Hut noch Stiel, stattdessen blattartige Strukturen, die das Putzen enorm erschweren. Nichtsdestotrotz ist sie sehr begehrt, denn ihr Aroma ist einzigartig.

## Wann suchen?

Die Krause Glucke ist ein typischer Spätsommer- und Herbstpilz, der bereits wenige Tage nach starken Gewittern wächst. Der Pilzsammler kann dann schon mit einem Pilz eine ganze Mahlzeit zubereiten, denn meistens sind Krause Glucken handballgroß (einzelne Exemplare können über 5 kg schwer werden!).
Moderat sollten die Temperaturen sein, denn bei hochsommerlicher Wärme wächst sie nicht.

Ein Glücksfall: Die Krause Glucke oder Fette Henne wächst direkt aus einem Kiefernstumpf. So sind sie am saubersten.

## Wo finden?

Direkt am Fuß oder sehr nah bei einer älteren Kiefer ist ihr Zuhause, am liebsten auf sandigem Boden. Ganz selten ist sie auch bei anderen Nadelbäumen zu finden. Dabei behagt es ihr nur im Flachland und in den Mittelgebirgen, in höheren Lagen lohnt sich die Suche nicht.
Wo sie wächst, wächst sie mehrere Jahre lang immer wieder – wie praktisch! Aber wie sieht noch mal eine Kiefer genau aus? Das steht im Infokasten.

**Kiefern ...**
... sind immergrüne Bäume, die man an ihren sehr langen Nadeln, den eiförmigen Zapfen und der groben, schuppigen Rinde erkennt. Die Nadeln sind leicht gedreht und sitzen bei den häufigen Arten zu zweit zusammen. Die Kiefer wird sehr oft als Nutzholz angepflanzt und ist daher weit verbreitet.

## So muss sie aussehen

### VON WEITEM

- aus größerer Entfernung bestens zu erkennen
- blumenkohlähnliche Form und teilweise enorm groß
- erinnert an eine brütende, helle Glucke zu Füßen von Kiefern mit dunkler Rinde

Zum Glück fällt sie gleich ins Auge.

### VON NAHEM

- ähnelt einem Blumenkohl oder Badeschwamm, auch farblich: anfangs weißlich, dann ockerfarben
- hat ineinander verwachsene, krause „Blätter“, die leicht zerbrechen
- Die blattartigen Strukturen wachsen aus einem derben Strunk heraus und verzweigen sich immer weiter.
- Beim Wachsen werden Teile des Waldbodens, Sand und Nadeln in den entstehenden Hohlräumen eingeschlossen.
- riecht deutlich angenehm würzig

**Gestalt:**

- nicht in Hut und Stiel unterteilt, sondern mit einem fleischigen Strunk, aus dem die „Blätter“ herauswachsen
- besteht aus wellig und lappig ineinander verwachsenen dünnen, krausen „Blättern“
- normalerweise bis 30 cm im Durchmesser, aber auch mal bis 1 m breit

- weißlich, hellrosabräunlich bis ockerfarben, später dunklere Blattränder

**Fleisch:**

- weiß bis cremeweiß
- sehr brüchig, zerbrechlich
- verfärbt sich beim Anschneiden nicht

## SO IST SIE UNVERDORBEN

- einheitlich gefärbt ohne dunkle Blattränder
- keine schmierigen, klebrigen Oberflächen
- mit brüchigem, nicht elastischem Fleisch
- ohne Schimmel oder Maden

Das Fleisch behält beim Anschneiden seine creme- weiße Farbe.

## So nicht!

- Ästchen statt Blätter
- mehr oder weniger zarte rote, violette, hellgelbe oder grüne Farben
- dunkle Flecken
- Schimmel oder Madenbefall
- weiche, matschige Konsistenz
- zu starke Verschmutzung

GIFTIG

Es ist kaum vorzustellen, dass die Krause Glucke mit einem Giftpilz verwechselt wird. Da es aber nichts gibt, was es nicht gibt, darf der Hinweis auf die entfernt ähnlichen **Korallenpilze** nicht fehlen.

Die Ähnlichkeit besteht darin, dass sie ebenfalls nicht in Hut und Stiel aufgebaut sind. Sie haben allerdings keine verzweigten Blätter, sondern dünne Ästchen und erinnern damit eher an Korallen. Es gibt unter den vielen Korallenpilz-Arten einige mehr oder weniger giftige, wie die **Bauchweh-Koralle** oder die **Dreifarbige Koralle**.

Korallen sind viel feingliedriger.

ESSBAR

Verwechslungen mit dem sehr leckeren **Eichhasen** sind möglich, weil seine Wuchsform ebenfalls der eines Blumenkohls ähnelt. Anders als bei der Krausen Glucke wachsen beim Eichhasen allerdings nicht direkt Blätter, sondern erst einmal Äste aus dem zentralen Strunk, die sich dann verzweigen und in einzelnen Stielen mit Hütchen enden.

Der Eichhase hat am Ende der Äste Stiele mit Hüten.

Wesentlich seltener als die Krause Glucke ist die **Breitblättrige Glucke**, die etwas derber, noch blattartiger aufgebaut ist und vorwiegend bei Laubbäumen, meist Eichen, wächst. Auch sie wäre ein guter Speisepilz und kaum mit giftigen Pilzen zu verwechseln, man sollte sie jedoch aufgrund ihrer Seltenheit schonen.

## So sammeln

Sieht aus wie Blumenkohl, erntet man wie Blumenkohl: einfach kurz über dem Boden abschneiden. Auch wenn der dicke Strunk im Inneren der Krausen Glucke nicht mitgegessen wird (siehe Kasten unten), ist er doch praktisch für den Transport. Ohne ihn zerbröselt der spröde Pilz noch leichter.
Direkt im Wald bekommt man Krause Glucken nicht einmal halbwegs sauber. In den vielen Taschen und Hohlräumen ist reichlich Platz für Sand, Kiefernnadeln und tierische Bewohner. Daher ist es klug, sie von anderen gesammelten Pilzen getrennt zu transportieren. Weil die Krause Glucke so brüchig ist, sollte sie ganz besonders vorsichtig in einem Korb transportiert werden.

**Achtung!**
Der Strunk der Krausen Glucke steht im Verdacht, Übelkeit und Erbrechen auszulösen. Zwar erleichtert er das Handling für den Pilzsammler, wird aber am Ende nicht mitgegessen.

## Wie zubereiten?

Wer die Krause Glucke kurz in kochendem Salzwasser blanchiert, ist klar im Vorteil. Der Pilz ist danach lang nicht mehr so brüchig und lässt sich gründlicher waschen. Ja, hier ist Waschen erlaubt und der Einsatz einer Salatschleuder zu empfehlen – ausnahmsweise.
Die „Blätter“ der Krausen Glucke haben einen sehr interessanten, feinen Geschmack, den man gut mit Sahne intensivieren und mit jungen Erbsen kombinieren kann. Auch in Bierteig getunkt und im Fonduetopf gebacken ist sie ein Gaumenschmaus. Die reiche Ernte muss auch nicht sofort verarbeitet werden. Blanchiert und geputzt kann die Krause Glucke bis zu 3 Tage im Kühlschrank gelagert werden. Außerdem eignet sie sich sehr gut zum Trocknen und lässt sich auch gut einfrieren.

# SERVICE

## Pilzkurse und Giftnotruf

Qualifizierte Pilzkurse, Pilzcoachs und Pilzsachverständige, die bei der Bestimmung helfen, findet man bei der Deutschen Gesellschaft für Mykologie unter **www.dgfm-ev.de.**

Bei ersten Anzeichen einer Vergiftung (vor allem Übelkeit, Erbrechen, Schweißausbrüche, Sehstörungen oder Herzklopfen), auch noch mehrere Tage nach dem Pilzgenuss, muss sofort ein Arzt zurate gezogen werden. Auch wenn die Symptome scheinbar bereits abklingen! Manche Pilzgifte legen trügerische Pausen ein.
In den meisten Städten ist der **Giftnotruf** unter der **19240** telefonisch zu erreichen. Beim Anruf in den Kliniken wird man auch mit der nächstgelegenen Giftnotrufzentrale verbunden. Wichtig ist, alles aufzuheben, anhand dessen man die Pilze identifizieren könnte, auch Erbrochenes.

## Pilze und Fachbegriffe im Buch

Die in diesem Buch enthaltenen Empfehlungen und Angaben sind von den Autoren mit größter Sorgfalt zusammengestellt und geprüft worden. Eine Garantie für die Richtigkeit der Angaben kann aber nicht gegeben werden. Autoren und Verlag übernehmen keine Haftung für Schäden und Unfälle. Bitte setzen Sie bei der Anwendung der in diesem Buch enthaltenen Empfehlungen Ihr persönliches Urteilsvermögen ein.
Der Verlag Eugen Ulmer ist nicht verantwortlich für die Inhalte der im Buch genannten Websites.

**Bildquellen**

Die Fotos, auch das Titelfoto, stammen von Gerhard Schuster, **www.lebrac.de** mit Ausnahme der folgenden: Adobe Stock/Sonja Pesata: 91; Frank Hecker Naturfoto: 76, 83 u., 85; Shutterstock.com: bogdan ionescu: 52 o.; Gertjan Hooije: 44 M.; Julia Lototskaya: 50 u.; Kostiantyn Kravchenko: 26 o.; Ksenia Lada: 27. Die Zeichnungen auf den Umschlaginnenseiten stammen von Helmuth Flubacher.

**Bibliografische Information der Deutschen Nationalbibliothek**

Die Deutsche Nationalbibliothek verzeichnet diese Publikation in der Deutschen Nationalbibliografie; detaillierte bibliografische Daten sind im Internet über http://dnb.d-nb.de abrufbar.


Wollgrasweg 41, 70599 Stuttgart (Hohenheim)
E-Mail: info@ulmer.de
Internet: www.ulmer-verlag.de
Lektorat: Ina Vetter, Dr. Helga Hofmann
Herstellung: Katharina Merz
Umschlag-Konzeption: Ruska, Martín, Associates GmbH, Berlin
Umschlag-Gestaltung: Atelier Reichert, Stuttgart
Layout: Antje Warnecke, nordendesign.de
Satz: Atelier Reichert, Stuttgart
Reproduktion: timeRay Visualisierungen, Jettingen
Druck und Bindung: Livonia Print, Riga, Lettland
Printed in Latvia

**ISBN 978-3-8186-0397-7**